交通安全知识系列手册

私家车驾驶人篇

公安部交通管理局　编

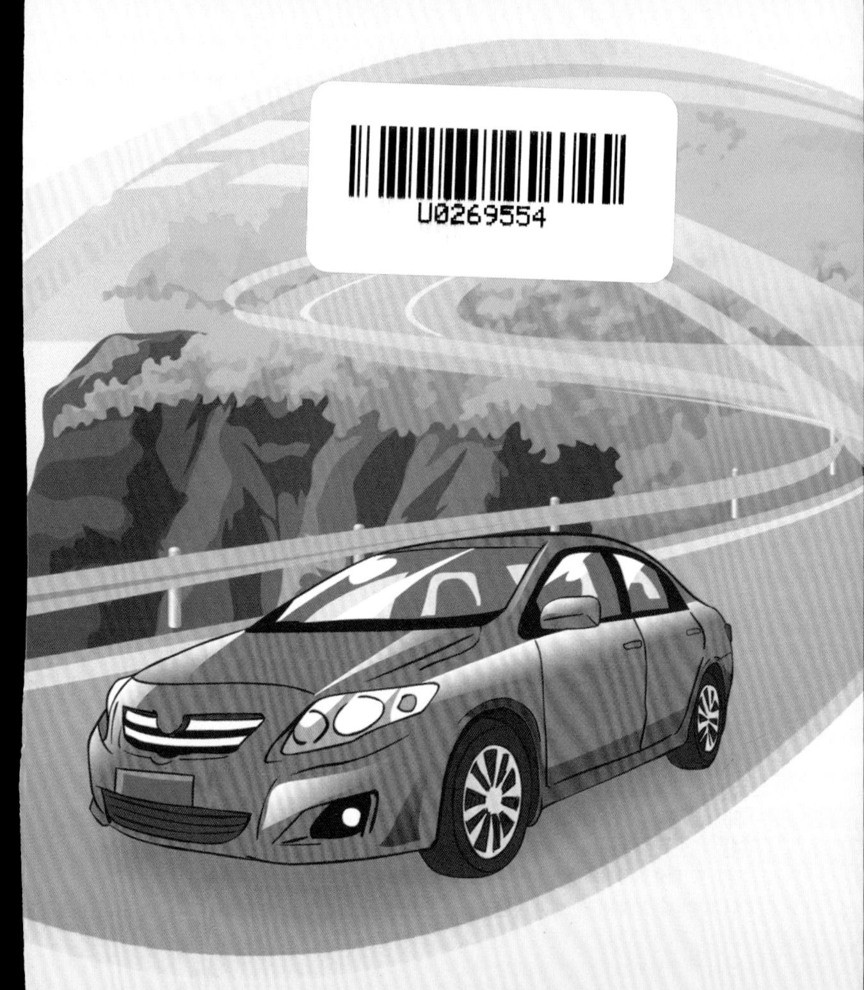

内容提要

本手册详细介绍了私家车驾驶人应知应会的安全文明驾驶知识及各类紧急情况的应急处置方法，并附有全国交通广播电台频率、国家高速公路网命名及编号示意图。

本手册适合私家车驾驶人学习参考。

图书在版编目 (CIP) 数据

交通安全知识系列手册 . 私家车驾驶人篇 / 公安部交通管理局编 . —北京：人民交通出版社股份有限公司，2014.11

ISBN 978-7-114-11851-7

Ⅰ . ①交… Ⅱ . ①公… Ⅲ . ①交通安全教育 – 普及读物 Ⅳ . ① X951-49

中国版本图书馆 CIP 数据核字 (2014) 第 266172 号

Jiaotong Anquan Zhishi Xilie Shouce——Sijiache Jiashiren Pian

书　　名：交通安全知识系列手册——私家车驾驶人篇
著 作 者：公安部交通管理局
责任编辑：何　亮　范　坤
出版发行：人民交通出版社股份有限公司
地　　址：(100011) 北京市朝阳区安定门外外馆斜街 3 号
网　　址：http://www.ccpress.com.cn
销售电话：(010)59757973
总 经 销：人民交通出版社股份有限公司发行部
经　　销：各地新华书店
印　　刷：北京盛通印刷股份有限公司
开　　本：880 × 1230　1/32
印　　张：1.625
插　　页：1
字　　数：38 千
版　　次：2015 年 1 月　第 1 版
印　　次：2019 年 6 月　第 5 次印刷
书　　号：ISBN 978-7-114-11851-7
定　　价：9.50 元

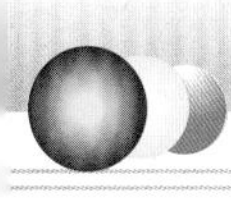

组　长：许甘露

副组长：刘　钊

成　员：张　明　刘　艳　范　立　何　亮
刘春雨　赵素波　袁　凯　赵伟敏
赵晓轩　马继飙　朱丽霞　李　君
范　坤

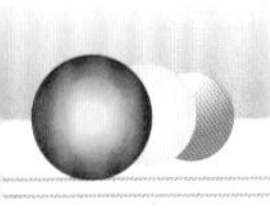

文明交通　安全出行

我们共同的期盼

近年来，随着经济社会的快速发展，我国机动车、驾驶人数量迅猛增长。截至目前，全国机动车保有量超过 2.6 亿辆，驾驶人突破 3 亿人，平均 5.2 人拥有 1 辆机动车，4.5 人中有 1 名驾驶人，仅仅十余年时间，我们就走完了发达国家半个多世纪的“汽车社会”发展历程。

在党中央国务院和各级党委政府的高度重视下，相关部门戮力同心，警民携手紧密合作，全社会积极参与共同努力，我国道路交通安全形势保持总体平稳态势。但是，由于人、车、路矛盾持续加大，城乡文明交通整体水平滞后于汽车时代发展要求，全国每年发生的严重交通违法行为数以亿计，交通陋习、安全隐患大量存在，因交通事故造成的死伤人数高达数十万，形势依然非常严峻。

为帮助广大交通参与者进一步增强法治交通和文明交通理念，提升交通安全意识与自我保护能力，推动形成人人自觉守法出行的社会风尚，减少交通违法行为以及由此引发的道路交通事故，公安部交通管理

局组织专家，针对客运驾驶人、货运驾驶人、私家车驾驶人、自行车骑车人、少年儿童、城市新市民等参与道路交通的六类主要群体编写了《交通安全知识系列手册》。手册中的知识点和警示点是从道路交通管理工作中发现的突出问题以及许许多多惨痛的事故教训中总结提炼出来的，既辅以生动的图示，又佐以案例说明，相信这套手册对于传播交通安全知识、强化文明交通理念、保障人民群众出行平安将大有助益。

朋友们，良好的交通环境需要每一个人躬亲践行。衷心希望这套手册能为您出行提供专业、实用的建议，希望您将交通文明理念、交通安全知识传递给亲朋好友，大家共同树立法治观念、增强规则意识、养成文明习惯，推动中国汽车社会文明梦早日实现！

编写组

2015 年 1 月

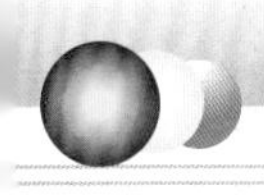

目　录

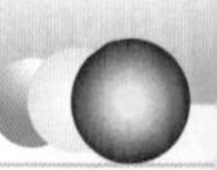

安全隐患致事故 良好习惯要养成

1. 养成良好的驾驶行为习惯

出车前的准备工作对于安全、顺利出行非常重要。驾驶人要养成出车前提前规划好行驶路线的良好习惯，通过收听广播、查询网络、打电话等方式了解路况，提前选择畅通的行驶路线，尽量避开拥堵、施工、发生交通事故和实行交通管制等路段。不要忘记携带驾驶证、行驶证等有关证件。如果长途出行，应检查车辆性能，确保燃油、冷却液等充足。

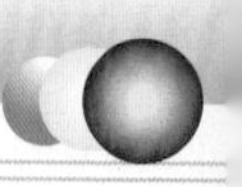

养成检查车辆的习惯十分重要，绕车巡视一周看似简单，却能有效地预防事故发生，保护自己和他人的生命安全。驾驶人上车前绕车巡视，主要检查轮胎气压是否正常，车下有无坚硬钢钉等异物，车灯有无破损，周围和车底是否有玩耍的儿童、宠物及其他影响车辆正常行驶的障碍物等。

每一位驾乘人员都要养成上车系好安全带的习惯，很多人误以为车速慢时没有必要系安全带，这种观念是错误的。当汽车以 40 公里 / 小时的速度行驶发生碰撞时，身体前冲的力量相当于一袋 50 千克的水泥从 4 层楼上掉落地面时产生的力量。如果不系安全带，一旦车辆紧急制动或遭到猛烈撞击时，巨大的惯性会使驾乘人员瞬间脱离座位，猛烈撞击前方坚硬物件，甚至被甩出车外，危及生命。安全带能将驾乘人员固定在座椅上，车辆紧急制动或发生碰撞、倾翻事故时，能够减轻对驾乘人员的伤害。

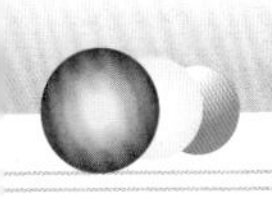

错误行为妨安全　女性驾车须避免

2. 女性驾车特别注意事项

女性穿高跟鞋、松糕鞋驾车出行，车内放置或悬挂太多的玩具，都会影响正常驾驶操作。夏天在驾驶室内放置化妆品，容易引起火灾。飞扬的长发影响驾驶人观察左右来车情况，遇到紧急情况猛回头时，长发还可能遮挡视线或缠绕在转向盘上，造成交通事故。年轻的母亲驾车带孩子外出，不使用安全座椅或让孩子坐在前排，一旦发生险情，会对孩子造成伤害。

女性驾车应注意细节，确保驾驶安全。不要穿高跟鞋、松糕鞋驾驶，调整座椅时不要距离转向盘太近，前后车窗尽量不要放置或悬挂太多玩具，夏季不要将化妆品长时间放在车内。留长发的女性驾驶人，驾车时一定要将长发束起来。带孩子乘车时，一定要使用儿童安全座椅，千万不要让孩子坐在前排。

音响声音要适量　导航装置须用好

3. 使用电子设备要谨慎

私家车上大都安装了音响设备，GPS 导航装置也开始在私家车上普遍使用。驾车时，车内音响声音太大，驾驶人会听不到其他车辆的喇叭声，影响驾驶安全。边驾车边在 GPS 上寻找行驶路线，会影响驾驶人观察路况，分散驾驶人注意力，容易发生交通事故。

驾车时，音响声音不要太大，启动 GPS 导航装置时要更加注意行车安全，尽量用眼睛的余光看导航信息，要注意与前后左右的车辆保持一定的安全距离，不能边驾车边查找行驶路线。

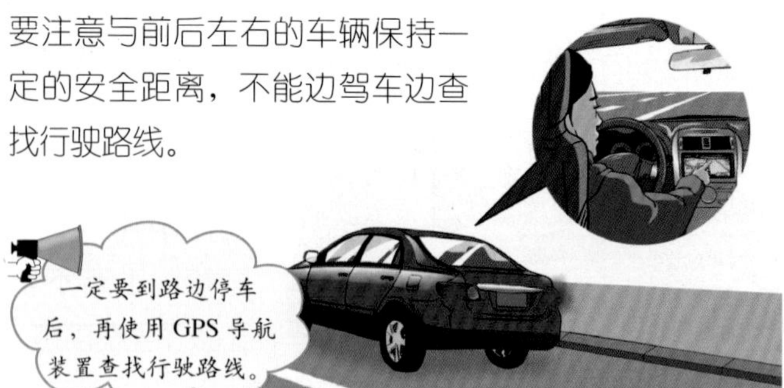

距离太近易剐碰　超车间距要留足

4. 超车要保持安全距离

超车时如果没有与被超车辆保持足够的横向距离，或超车后没有与被超车辆保持足够的安全距离便过早地向右变道，会使被超车辆没有安全避让的空间和时间，容易引发剐碰、倾翻、追尾等交通事故。

行车中要与前车保持一定的安全距离，尽量避免超车。确定超车后，要在前面道路允许的情况下，距前车20~30米处鸣喇叭（禁鸣区域除外，如在夜间则应连续变换远近光灯）示意，待前车有让路反应后，从其左侧加速超越，并注意保持横向安全距离。超越前车后必须驶回原车道时，要充分估计被超车辆的行驶速度，在距离被超车辆20米以外再变道。千万不要从右侧或者并行的车辆之间超车，更不能超车后迅速返回原车道。

让超不当藏隐患　让路让速避风险

5. 让超车要让路让速

驾车途中被其他车辆超越时，让路不让速或者让速不让路，都会造成后车超车困难，增大安全隐患。让路不让速，会延长两车并行的时间，并行时间越长，危险性越大。让速不让路，给后车留出的超越空间不足，造成后车无法超越或两车并行时横向安全距离过小，稍有不慎就会发生剐碰事故。

发现后方车辆发出超车信号后，如果前方道路条件允许，要主动减速并靠右侧行驶，以示让超，真正做到让路让速，尽量减少两车并行时间，增大两车横向间距。遇到后方车辆强行超车时，要理智地采取减速让超措施，必要时可停车让超，确保行车安全。

学校门口人流多　减速慢行护学生

6. 通过学校要降低车速

放学或上学时段学校门口人流密集、路况复杂。许多接送学生的家长驾驶私家车在学校附近临时停靠，接送完孩子后随即起步。中小学生年龄小，活泼好动，视野较窄，对路况观察、判断能力较差，特别是急于进学

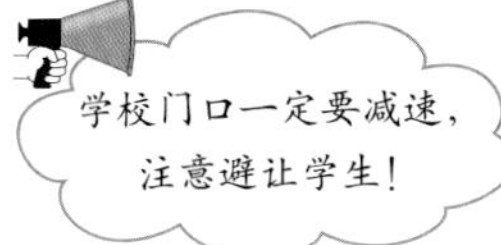

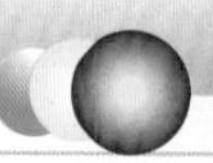

校时，不注意来往车辆，会突然跑向校门，使驾驶人措手不及。

驾车看到“注意儿童”标志的时候，必须减速谨慎行驶。行经学校门前，要密切观察临时停靠路边的车辆，防止其突然起步，以免躲避不及。有学生列队走出校门准备过街时，不要鸣喇叭，更不要穿插学生队列，应立即停车，让队列先行。

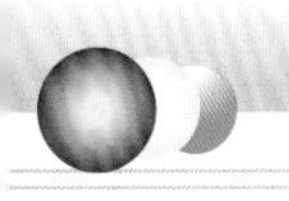

公交站点盲区大　减速预防人横穿

7. 公交车站预防行人横穿

驾驶私家车行经有公交车停靠的站点时，经常会有下车的乘客急于过街而从车辆前端突然穿出。此时如果不注意观察或行驶速度过快，就会来不及采取避让措施，撞伤行人。

通过公交站点时，要减速慢行，并尽量与公交车保持较大的横向距离。发现有人突然从公交车前走出时，及时采取减速措施，在不影响其他车辆和行人安全通行的情况下，应停车避让，以确保安全。

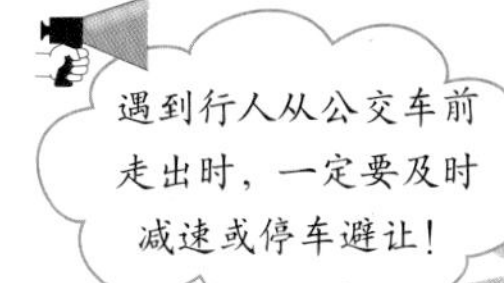

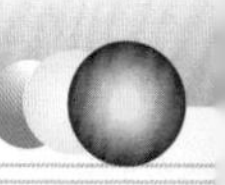

猛拐抢行隐患多　转弯避让人与车

8. 右转弯要避让行人和非机动车

驾车右转弯时，车辆前后车轮转弯半径不同，会形成内轮差，处于这个路径范围内的非机动车和行人，如果距离车辆过近，容易被剐蹭甚至卷入车轮下。

驾车右转弯时，要仔细观察右侧非机动车和行人的通行情况，遇有非机动车和行人进入路口或已走上人行横道时，要及时减速避让。转弯过程中，若发现右后侧非机动车和行人离车较近，要考虑到内轮差，不要猛拐，避免发生剐蹭。

人行横道要避让　减速礼让缓慢行

9. 人行横道前礼让行人

驾车行至人行横道前，遇正在通过人行横道的行人，不及时减速停车让行或鸣喇叭，与行动较慢的行人抢行，不仅影响行人的正常通行，还会造成老人或心脏不好的行人因为突然紧张而发生危险。

驾驶私家车在道路上行驶，要时刻留意人行横道标志，遇有行人正在通过人行横道时，要停车让行人先行。特别要注意行动不便的行人或交通信号变化后仍滞留在人行横道上的行人。通过没有交通信号灯控制的人行横道时，要减速慢行，防止行人或非机动车突然横穿道路。

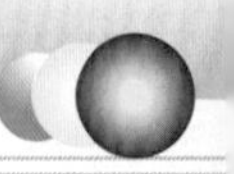

自行车稳定性差　保持距离慢超越

10. 遇自行车要保持安全距离

行车距离自行车太近，连续鸣喇叭催促其让道或者加速绕行，骑车人会因高度紧张，把持不住车把，失去平衡而摔倒，引发事故。

超越同向行驶的自行车，要注意观察其动态，减速慢行，同时保持足够的横向间距，低速超越。在机动车和非机动车混行的路段，更要与自行车保持足够的横向安全距离。

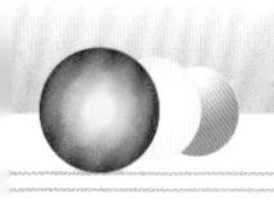

牲畜受惊易失控　慎鸣喇叭免祸端

11. 临近牲畜禁鸣喇叭

私家车到郊区或乡村“自驾游”，经常会遇到马、牛、羊等牲畜或畜力车。此时如果突然加速或鸣喇叭，易导致牲畜受惊失控，引发事故。

路遇牲畜或畜力车，要在较远处鸣喇叭，并提前减速，随时观察牲畜的动态，临近时千万不要鸣喇叭。发现牲畜两耳直立、行走犹豫，则要做好停车准备。遇牲畜或畜力车突然横穿、抢道时，在确保车上人员和物资安全的前提下，减速慢行，必要时停车避让。

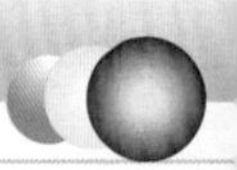

慢行通过减速带　速度过快损人车

12. 低速通过减速带（减速丘）

在道路交叉口、弯道、下坡路段、工矿企业、学校、住宅小区入口等需要车辆减速慢行的路段，遇到减速带不减速慢行，不仅会损坏机动车悬架机构，使乘车人受伤，还会造成应急反应失当，引发交通事故。

驾车通过减速带时，提前减速，既能保障车辆和乘车人的安全，又有充足的时间处理路面上的紧急情况，有利于提高行车安全性。

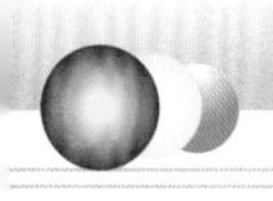

随意停车阻通行　有序停放守规矩

13. 停放车辆要遵守规定

私家车停车占用机动车道、非机动车道、人行道和盲道，或者随便停放在建筑物门口、出口等地方，会妨碍道路通行。

私家车应选择停车场、施划有停车位的路边或其他准许停放车辆的地点依次有序停放。车辆在停车场和准许停放地点以外的其他地点临时停车时，可按顺行方向靠道路右侧短暂停留，但驾驶人不能离开车辆，若妨碍道路通行要迅速驶离。

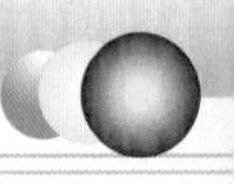

倒车视线盲区大　预防事故细观察

14. 倒车要进行安全确认

倒车时，驾驶人视线受限，视线盲区比前方大将近4倍，车后、车底和两侧道路的很多情况都观察不到，很多在车后玩耍的儿童因为驾驶人在倒车前没有下车进行安全确认而受到伤害。

在倒车前，要下车仔细观察车后方和左右方情况，注意障碍物，尤其要留意车后有没有玩耍的儿童，车底有没有宠物等。确认安全后，再进入驾驶室倒车。

隧道潮湿路面滑　谨慎驾驶早减速

15. 通过隧道要减速行驶

隧道内路面见不到阳光，通风条件不良，汽车排放的尾气易沉到路面形成油垢，造成路面摩擦系数降低。特别是雨天，隧道内水与油的混合物使路面更加湿滑，如果车辆行驶速度过快，极易发生侧滑，酿成事故。

驾驶车辆进入隧道前要减速，开启近光灯，注意隧道前的信号灯。进入隧道后按车道行驶，不要随意变更车道或超车。驾车进出隧道时，由于隧道内外明暗差别较大，驾驶人的眼睛需要一段时间适应光线的变化后，才能看清路况。因此，进出隧道都要减速慢行，待眼睛适应后再转入正常速度行驶。

直视车灯易炫目　会车关闭远光灯

16. 夜间会车及时关闭远光灯

夜间会车使用远光灯，会使对方驾驶人眼睛受强光刺激导致炫目而看不清前方路况，不能及时发现前方的突发情况。另外，夜间跟车时使用远光灯，会影响前车驾驶人通过后视镜观察路况，容易引发交通事故。如果双方驾驶人赌气用远光灯互相对射，眼前瞬间都会变成白茫茫

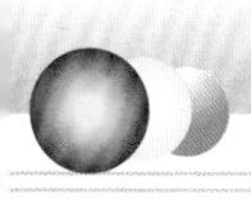

的一片，形成大面积视觉盲区，给行车安全带来极大隐患。

夜间行车要文明、正确使用灯光，在距对面来车 150 米以外，应改用近光灯。发现对方车辆不关闭远光灯时，可间断变换远近光灯提示对方，如果对方仍不关闭远光灯，可减速或者停车避让。夜间跟车行驶时应使用近光灯。

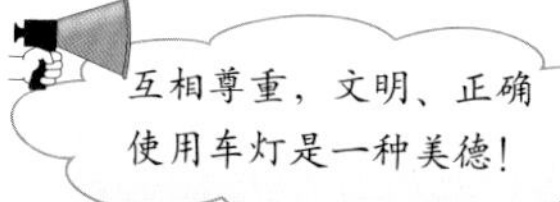

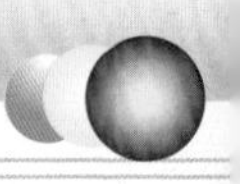

使用手机风险大　集中精力最安全

17. 开车不使用手机

驾车使用手机接打电话、收发短信、刷新微博或微信，会分散驾驶人的注意力，影响对车辆的正常操控和对道路交通情况的及时判断。尤其遇到突发或紧急情况时，驾驶人往往会因措手不及出现操作失误，引发交通事故的概率非常高。

驾车使用手机是严重妨碍安全驾驶的违法行为，也是导致交通事故的主要因素之一。驾驶车辆要全神贯注，不能以任何方式接打电话。使用蓝牙耳机和车载电话，虽然解放了双手，但通话仍会分散驾驶人的注意力，使行车存在安全隐患。如果确需通话，要选择安全的地方停车，再接打手机。

小知识

国外对驾车使用手机危害的研究成果有哪些？

日本研究发现，驾驶人在行车中使用手机而发生交通事故的概率高达 27.3%。美国科学家通过模拟实验表明，开车使用手机导致驾驶人注意力下降 20%，如果通话内容重要，则驾驶人注意力下降 37%。加拿大研究人员发现，开车时使用手机的驾驶人发生交通事故的概率高出未使用手机者 4~5 倍。英国的研究结果表明，开车时使用手机，人脑的反应速度比酒后驾车时慢 30%。另外，开车时使用手机，驾驶人对路况的反应速度比正常情况下慢 0.5 秒。

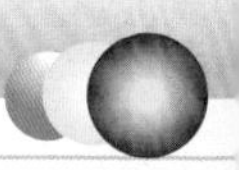

酒后驾车危害大　沾酒之后禁驾车

18. 杜绝酒后驾驶机动车

驾驶人饮酒后，视力下降、视野变窄、判断能力变差，驾车时注意力不集中、反应迟钝、行动迟缓，遇突然情况应急措施滞后，发生事故的概率极大。驾驶人醉酒后还容易引发情绪、行为失控，造成恶性事故。

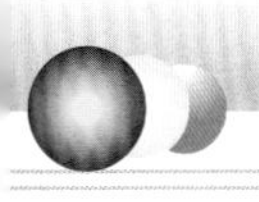

2011 年 5 月 1 日起，《中华人民共和国刑法修正案(八)》和修订后的《中华人民共和国道路交通安全法》正式施行，加大了对酒后驾驶等违法行为的处罚力度，将醉酒驾驶机动车纳入刑事处罚。这意味着，驾驶人将为自己的酒后驾车行为付出“罪与罚”的双重代价。

小知识

酒精会对大脑产生哪些影响?

酒精对人的大脑既有短时间刺激作用，使人“假兴奋”，又有麻醉作用，令人反应迟钝，甚至行为失控。正常情况下人的反应速度比饮酒后快 2 ~ 3 倍。研究表明，醉酒驾驶机动车发生交通事故的概率是没有饮酒时的 16 倍。

随意变道藏险情　有序行车倡文明

19. 不随意频繁变更车道

在道路上频繁变更车道或变更车道时不看后视镜、不开转向灯十分危险。尤其是突然变道并线，容易引发车辆剐蹭或追尾事故。

在道路上每一次变更车道都潜藏一定的风险。新驾驶人驾车上路，要尽量不变道、少变道，更不要图一时痛快而忽略其他车辆，强行穿插变道。变道前要先观察后视镜，发现待驶入车道有车辆行驶时，要让对方先行，在确认安全的前提下开启转向灯，一边观察后视镜一边变道。

会车避让靠右行　侵犯路权藏凶险

20. 会车不侵占对方车道

会车时强行侵占对方车道，会给行车安全带来隐患。遇有障碍物时，在障碍物处会车，形成“三点一线”交会，非常危险。特别是在道路不太宽而障碍物较大的地方险情将会加剧。如果障碍物是非机动车、行人时，极易引发恶性交通事故。

会车前，要尽量靠道路右侧行驶，切忌盲目超车或者碾压障碍物，更不能越过道路中心线，侵占对方车道。如果路面较窄，要提前降低车速，低速交会。遇有障碍物时，车辆交会应遵守距离较近、车速较快、前方无障碍物一方车辆先行的原则。如果来车速度较慢或离障碍物较远，应果断加速超越障碍物后驶入右侧并交会。如果来车速度较快或离障碍物较近时，要适当降低车速，在超越障碍物前与来车交会。

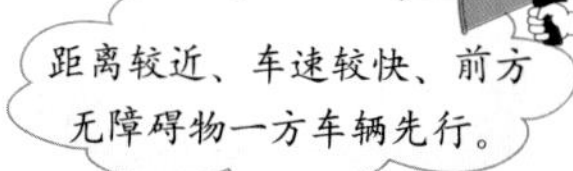

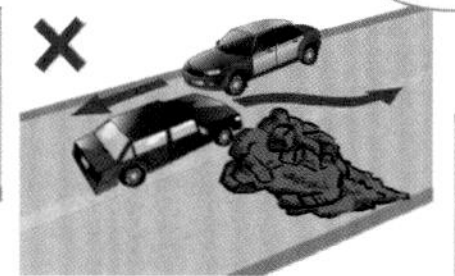

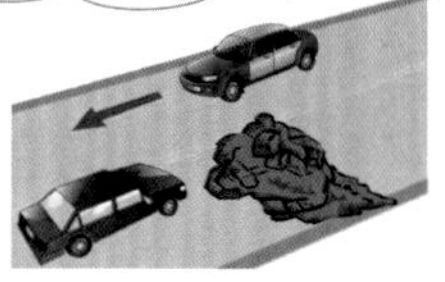

路口无序易拥堵 提前选择行车道

21. 路口转弯提前选择导向车道

驾车在路口不提前选择导向车道，临近路口直接跨其他车道转弯，甚至连续跨几条车道转弯，不仅影响正常行驶的车辆通过路口，而且还会导致路口拥堵，引发交通事故。

驾车将要进入路口时，提前进入相应的导向车道。同时，注意观察交通信号灯的变化，判断是直接通行还是停车排队等候。变更车道前开启转向灯，确认安全后进入选择的车道。在设有左弯待转区的路口左转弯时，要在直行绿色箭头灯亮时进入待转车道等候。

加塞抢行致拥堵　依次交替好通行

22. 拥堵路段依次交替有序通行

遇前方机动车停车排队或者缓慢行驶时，借道超车、占用对向车道行驶、穿插等候车辆等加塞抢行行为极易引发或加剧拥堵，还易引发剐蹭等交通事故。一旦发生交通事故，强行超车和加塞车辆要承担全部责任。

遇前方道路或路口堵车，驾驶人要保持平和的心态，依次排队耐心等候。在车道减少的路口、路段，遇有前方机动车停车排队等候或者缓慢行驶时，驾驶人应当遵循“拉链法则”，即每车道一辆依次交替驶入车道减少后的路口、路段。道路疏通缓慢通行时，不加塞，不争道，依次有序通行。发现其他车道的车辆已经提速，不要加速变道、抢行加塞，要尾随前车依次行进。

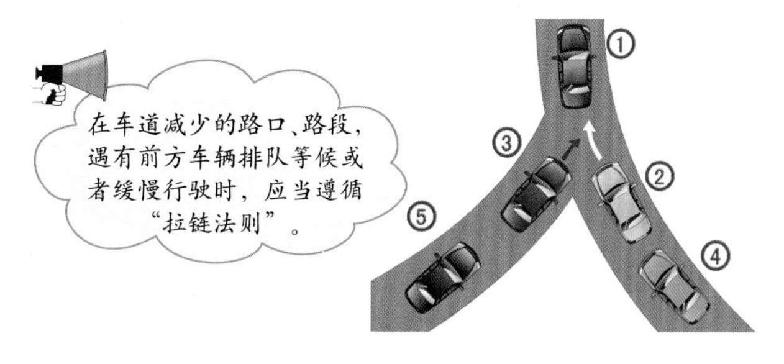

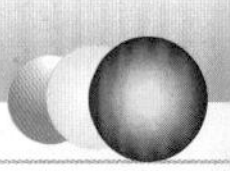

强行加塞引众怒　文明排队路畅通

23. 进出主辅路口不加塞

驾车进出主辅路争道抢行，加塞斜插，会妨碍其他车辆正常行驶，造成路口堵塞，增大车辆剐蹭风险。

驾车进出主辅路时，要遵守道路交通秩序，依次排队进出。遇交通拥堵或车辆较多时，不能加塞或穿插。看到其他车辆加塞，不要尾随“插队”，以免加剧拥堵，导致交通瘫痪。

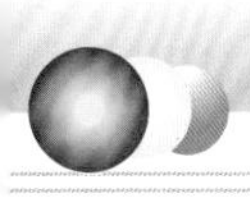

忽视规定阻畅通　网状线上禁停车

24. 黄色网状线上不停车

遇到交通拥堵或车辆行驶缓慢时，驾驶人不得将车停在黄色网状线区域，否则会妨碍居民区或单位车辆的通行。

黄色网状线是为保障路段两边的居民区或单位车辆进出而施划的。驾车遇到车辆停停走走、行驶缓慢的情况时，要注意让出施划黄色网状线的路面，不可占用黄色网状线区域。

“路怒”伤身又危险　自我调节心舒缓

25. 学会自我心理调节与疏导

有的驾驶人遇到交通拥堵或看到其他车辆加塞、突然变道等行为，心情急躁，情绪愤怒，甚至开“斗气车”，时间一长易发展成“路怒症”，对行车安全很不利。

“路怒症”是一种心理疾病，可以通过自我调节逐步改善。驾车途中要学会自我心理疏导，遇到心烦气躁

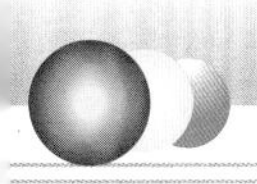

的事，可打开窗户呼吸新鲜空气或听些舒缓的音乐，转移注意力，释放紧张情绪，保持从容的驾驶心态。

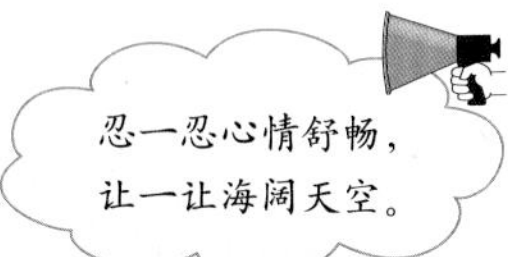

急拐猛停易追尾　保持车距早减速

26. 出租车后防突然停车

出租车由于经常要停车载客或靠边下客，行车随意性大，经常急驶急停、突然变道或掉头。因此，跟随出租车行驶，距离太近时，很容易因躲避不及发生追尾事故，严重时还会引发连环追尾事故。

驾车在城市道路上行驶时，尽量不要跟在出租车后面，尤其不要跟在空驶的出租车后面，无法避免跟行出租车时，要保持足够的安全距离，同时集中注意力，密切观察出租车动态，一旦发现出租车开启转向灯或有变道、掉头迹象，要及时减速避让，以防追尾。

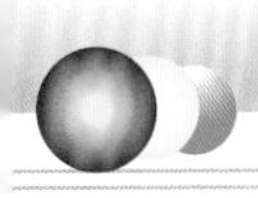

高速公路易疲劳　及时休息莫强行

27. 高速公路防疲劳驾驶

私家车驾驶人驾车外出度假、旅游时，在高速公路上长时间驾驶的现象非常普遍。由于高速公路上交通干扰少、路况单一，易引起疲劳。同时，一路游玩奔波，驾驶人体力消耗较大，身心俱疲，若继续驾车行驶，容易因反应迟钝、操作失误增加安全隐患，有时甚至会造成车毁人亡的交通事故。

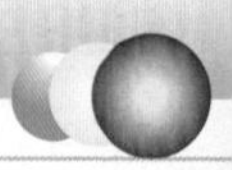

在高速公路上行车，要严格遵守通行规定，避免疲劳驾驶，最好每隔 2 小时停车休息一下，连续驾驶不要超过 4 小时，感到疲倦时必须就近选择服务区停车休息。

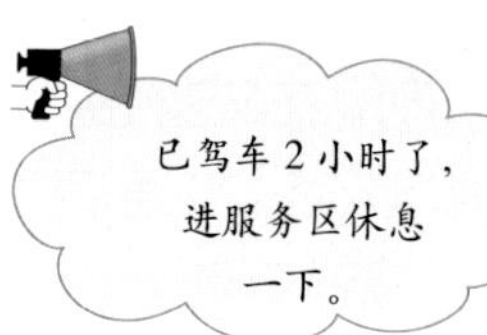

碰撞护栏易侧翻　控制方向莫反转

28. 高速公路碰撞护栏应急处置

高速公路车辆出现爆胎、转向失控等意外事故碰撞护栏时，若采取紧急制动措施或迅速向相反方向转动转向盘，会导致车辆严重失控，发生连续碰撞另一侧护栏、倾翻、飞越护栏等重大交通事故。

行驶中一旦发生车辆撞击护栏事故，驾驶人一定要保持冷静，双手紧握转向盘，向撞击一侧适量转向，让车辆被撞一侧抵住护栏前行，靠摩擦力迫使车辆减速停驶。切记不要向相反方向转动转向盘，以防发生重大交通事故。

二次事故危害大 及时警示免被撞

29. 高速公路防二次事故

高速公路发生事故后，不及时采取措施，后方的车辆会因躲避不及再次撞击事故车辆，引发二次事故，造成更大的伤亡。

在高速公路上发生事故后，如事故车辆无法移动，车上驾乘人员应迅速疏散到护栏外安全区域，及时开启危险报警闪光灯，在事故车辆正后方150米之外的来车方向放置三角警告标志，夜间还须同时开启示廓灯和尾灯，并及时打电话报警，等待救援。

雨雾雪天易生祸　谨慎驾驶控车速

30. 高速公路恶劣天气要谨慎行车

雨天，道路湿滑，车辆附着力低，高速行驶会发生“水滑现象”。雾天，可视距离变短，团雾和浓雾天气更危险，容易发生追尾事故。雪天，路面结冰，轮胎与路面的摩擦系数减小，附着力大大降低，容易发生侧滑事故。

恶劣天气在高速公路行车，驾驶人要高度集中注意力，密切关注路面状况，合理控制车速，加大跟车距离，尽量随着车流缓速行驶。如遇大雾、冰雪、强降雨等极端恶劣天气，可就近驶离高速公路或到服务区停车休息，待通行条件恢复后再继续上路行驶。

山区道路险情多　减速慢行防事故

31. 山区道路行车要预防危险

山区道路山高、坡陡、路窄、弯急、视线不佳，汛期易出现塌方，安全隐患突出。如果不熟悉道路情况，缺乏行车经验，极易发生交通事故。

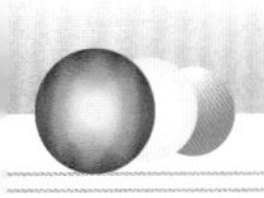

在山区道路行车要小心谨慎。下长坡要提前减挡，利用发动机牵阻作用控制车速，严禁空挡滑行。通过急弯、连续转弯路段或盲区大的弯道，要提前减速减挡，靠右侧行驶，并适当鸣喇叭，严禁在弯道内超速行驶或超车。

山区弯道行车要做到“减速、鸣喇叭、靠右行”。

斗气争执路易堵　轻微事故快挪车

32. 快速处理轻微道路交通事故

车辆发生无人员伤亡的轻微财产损失事故后，如不及时挪车，不但容易引发道路拥堵，还可能导致二次交通事故。

轻微事故，赶快将车挪到一边商量吧。

在道路上发生轻微交通事故后，驾驶人要保持冷静，不要赌气、争吵。如果车、物损失较小，对现场进行拍

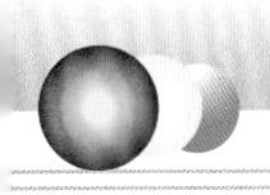

照或者摄像，标划停车位置，相互记下车牌号和联系方式，确认驾驶证和保险凭证后，尽快将车辆移至不妨碍交通的地点协商解决，同时开启危险报警闪光灯。

小知识

轻微事故快速处理的流程是什么？

轻微交通事故是指机动车在道路上发生的不涉及人员伤亡，仅造成轻微财产损失，车辆可以继续驾驶的交通事故。

车辆发生轻微交通事故后，驾驶人可在现场自行协商解决，向各自机动车承保的保险公司报案，填写《机动车轻微财产损失道路交通事故当事人自行协商处理协议书》（简称《协议书》），一式两份，签字确认后双方各执一份。无《协议书》的，当事人应以文字形式如实记载道路交通事故发生的时间、地点、当事人姓名、机动车驾驶证号、联系方式、机动车种类和号牌、保险凭证号、事故形态、碰撞部位、事故责任等内容，共同签字。双方事故当事人撤离事故现场后，到承保的保险公司办理定损索赔手续。

附录 1　全国交通广播电台频率

北京 :FM103.9
天津 :FM106.8
河北 :FM99.2
石家庄 :FM94.6
秦皇岛 :FM100.4
保定 :FM104.8
邯郸 :FM106.8
唐山 :FM96.8
邢台 :FM92.8
山西 :FM88.0
太原 :FM107.0
大同 :FM99.6
临汾 :FM88.9
长治 :FM94.9
内蒙古 :FM105.6
呼和浩特 :FM107.4
赤峰 :FM101.8
包头 :FM89.2
鄂尔多斯 :FM100.8
乌兰察布 :FM99.9
辽宁 :FM97.5
沈阳 :FM98.6
大连 :FM100.8
盘锦 :FM90.1
鞍山 :FM99.5
葫芦岛 :FM87.8
丹东 :FM101.7
抚顺 :FM106.1
吉林 :FM103.8
长春 :FM96.8
吉林 :FM105.3
松原 :FM100.0
延边 :FM105.9
黑龙江 :FM99.8
哈尔滨 :FM92.5
齐齐哈尔 :FM94.1
大庆 :FM95.0
上海 :FM105.7
江苏 :FM101.1
南京 :FM102.4

镇江 :FM88.8
无锡 :FM106.9
常州 :FM90.0
苏州 :FM104.8
南通 :FM92.9
扬州 :FM103.5
连云港 :FM102.1
盐城 :FM105.3
泰州 :FM92.1
江阴 :FM90.7
淮安 :FM94.9
浙江 :FM93.0
杭州 :FM91.8
宁波 :FM93.9
嘉兴 :FM92.2
舟山 :FM97.0
金华 :FM94.2
台州 :FM102.7
温州 :FM103.9
安徽 :FM90.8
合肥 :FM102.6
马鞍山 :FM92.8
芜湖 :FM96.3
黄山 :FM100.4
淮南 :FM97.9
六安 :FM96.4
福建 :FM100.7
福州 :FM87.6
厦门 :FM107.0
泉州 :FM90.4
江西 :FM105.4
南昌 :FM95.1
鹰潭 :FM95.6
上饶 :FM96.6
新余 :FM96.2
吉安 :FM100.6
赣州 :FM99.2
瓷都 :FM106.2
萍乡 :FM99.3
河南 :FM104.1
郑州 :FM91.2
商丘 :FM94.5
洛阳 :FM92.7
安阳 :FM89.0
山东 :FM101.1
济南 :FM103.1
德州 :FM94.1
淄博 :FM100.0

菏泽 :FM94.8
东营 :FM88.1
滨州 :FM93.1
青岛 :FM89.7
潍坊 :FM95.9
烟台 :FM103.0
湖北 :FM107.8
武汉 :FM89.6
宜昌 :FM105.9
黄冈 :FM107.6
楚天 :FM92.7
荆州 :FM96.3
十堰 :FM101.9
襄阳 :FM89.0
湖南 :FM91.8
长沙 :FM106.1
岳阳 :FM104.1
常德 :FM97.1
湘潭 :FM104.2
株洲 :FM98.4
广东 :FM105.2
广州 :FM106.1
深圳 :FM106.2
珠海 :FM87.5
广西 :FM100.3
南宁 :FM107.4
海南 :FM100.0
重庆 :FM95.5
四川 :FM101.7
成都 :FM91.4
泸州 :FM104.6
广安 :FM101.2
贵州 :FM95.2
贵阳 :FM102.7
黔南 :FM93.3
铜仁 :FM90.7
云南 :FM91.8
陕西 :FM91.6
西安 :FM104.3
渭南 :FM90.9
甘肃 :FM103.5
兰州 :FM99.5
青海 :FM97.2
宁夏 :FM98.4
银川 :FM100.6
石嘴山 :FM95.4
新疆 :FM94.9
乌鲁木齐 :FM97.4